KB107573

행복한 잡화점

행복한 잡화점

지금 시작하는
가장 내추럴한 라이프 스타일

모니카 남은정 지음

버튼북스

차
례

바구니

3

4

작은 가구

5

식물

언젠가부터 가슴 뛰는 일을 하고 싶었다.
좋아하는 일을 찾고 싶었다.

리넨, 패브릭, 바구니, 도자기 그릇, 나무도마… 마음에 드는 것들을
생활 속 가까이에 두고 나만의 색으로 삶을 채우다보니 어느새 내가
좋아하는 물건을 찾아다니는 일을 하고 있었다. 그렇게 행복한 잡화
점은 시작되었다.

남편이 곁에서 많은 도움을 주었다. 일 년간의 투병 끝에 엄마는 소
리 없이 세상을 떠나셨고, 남편은 슬픔과 불면증에 시달리는 내 모
습을 안타까워했다. 그때 남편은 내가 좋아하는 일을 시작해보라고
권해주었다. 처음에는 꽃으로 시작해서 여기까지 오게 되었다. 그래
서 아직도 꽃을 보면 가슴이 뛴다.

아이들이 엄마의 꿈을 물어보면, 산이 있는 곳에서 잡화점을 하며
늙어가는 거라고 대답한다. 왜 그런 꿈을 꾸냐고 묻는 아이들에게
좋아하는 일 자체가 엄마의 행복이라고 답한다.

우리 부부가 점점 나이 들어 60대, 그리고 80대가 되어도 작은 잡화점을 꾸리고 살 생각을 하니 더 이상 부러울 게 없다. 작은 욕심은 자연 가까이에 있고 싶다는 것. 행복한 잡화점에는 수많은 만남과 수많은 이야기가 함께할 것이다.

내가 꿈꾸는 행복한 잡화점에는 리넨 앞치마를 두른 주인이 있다. 리넨 원피스와 에코백이 걸려 있고, 크고 작은 바구니, 식물과 꽃, 따뜻한 차와 조용히 흐르는 음악이 손님을 맞이한다. 느리게 걸으며 산책할 수 있는 조용한 산도 가까이에 있다. 그곳의 문을 여는 사람들 모두 나처럼 행복해질 수 있다면 얼마나 좋을까.

1

리넨

수수하게 그리고 자연스럽게
리넨이 있는 편안한 일상

———

리넨은

우 리 집 은 온 통 리 넨 으 로 채 워 져 있 다 .

리넨은 아마식물의 줄기에서 얻은 섬유로, 자연 그
대로의 색을 지니고 있다. 마麻를 가공하여 만들어
통풍이 잘되고 가볍다. 구김이 잘 가지만 내추럴한
느낌을 살릴 수 있어 원피스와 앞치마, 재킷과 통
넓은 바지같이 여름철 옷의 소재로 많이 사용된다.

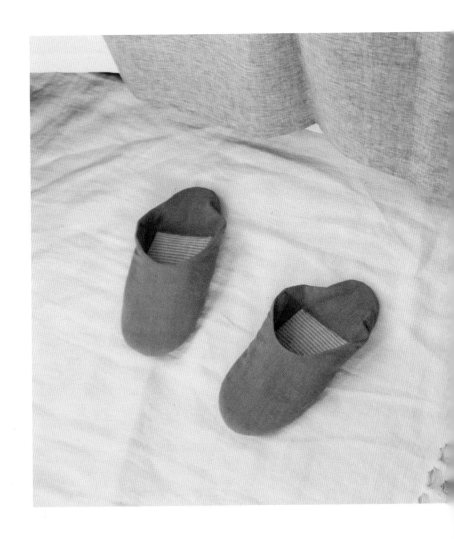

현관에 들어서는 순간, 언제나 그 자리에 놓인 리넨 실내화는 집에
돌아왔다는 편안함과 안정감을 준다.

베개와 이불 커버도 리넨으로 씌운다.
포근한 리넨 침구는 우리 가족의 숙면을 돕는다.

리넨으로 만든 물건은 내게 편안한 느낌을 준다.
매일 머무르는 공간을 무난한 색감으로 채우니 하
루의 시작과 마무리가 언제나 순조롭다. 내가 우리
집을 좋아하는 이유다.

이렇게 리넨으로 가득 채워진 집을 나설 때도 역
시 리넨과 함께한다. 리넨 에코백은 외출할 때 내
가 잊지 않고 챙기는 아이템. 짐이 많을 때는 빅사
이즈, 편하게 외출할 때는 자그마한 사이즈로 든
다. 작은 크기의 리넨 가방은 여러 개를 겹쳐 들어
도 예쁘다.

2 3
4 5

리넨 원피스와 리넨 팬츠, 낙낙한 사이즈의 리넨 셔츠를 나는 매일 즐겨 입는다. 특별한 날에는 리넨으로 만든 머플러를 두른다. 3월에서 10월까지, 리넨으로 만든 옷은 계절이 바뀌어도 언제나 입을 수 있다. 추운 겨울, 코트 속에 리넨 소재의 옷을 여러 벌 겹쳐 입으면 꽤 따뜻하고 멋스럽기까지 하다.

1 행복한 잡화점 모니카팜에서 가장 많은 사랑을 받는 모니카 원피스
2 자그마한 단추가 귀여운 디어 재킷. 단추를 열고 입으면 리넨의 매력이 살아난다.
3 단아한 화이트 리프 밴딩 스커트. 허리 밴드와 옆트임 덕에 활동하기 편하다.
4 둥그런 넥 라인과 포켓으로 포인트를 준 세라세라 원피스
5 가장 베이직한 디자인의 코지 원피스. 그 자체로 청순한 느낌을 준다.

———

리넨과

리넨 앞치마의 끈을 묶는 순간, 작은 행복이
시작된다.

리넨 원피스가 가장 잘 어울리는 사람은 플로리스
트가 아닐까. 리넨 앞치마를 두르고 꽃을 만지는
모습. 어느 한 플로리스트의 모습이 너무나 아름다
워 실제로 그녀를 만나고 온 적도 있다.

리넨 소재는 꽃, 식물과 유독 잘 어울린다. 화이트
리넨 앞치마는 꽃이 지닌 화려한 컬러를 돋보이게
한다. 푸릇푸릇 식물이 우거진 곳에서도 리넨은 차
분하게 어우러진다. 자연에서 얻은 소재가 자연으
로 돌아가는 느낌.

모니카 원피스와 마마스 앞치마는 모두가 좋아하
는 베스트 리넨 아이템. 온통 싱그러운 초록이 가
득한 제주의 오름에 올라, 리넨 원피스가 바람에
휘날리는 모습을 담은 한 장의 사진은 언제나 행복
이다.

リネンの 색^色

리넨의 색[色]

크림, 베이지, 그레이, 그린, 브라운

리넨 소재와 잘 어울리는 컬러는 대체로 수줍다.
색을 드러내 눈에 들게끔 하는 컬러이기보다는 있
는 그대로의 모습으로 충분히 괜찮다.

나는 따뜻한 느낌을 주는 크림, 베이지, 브라운 계열의 색을 유독 좋아한다. 보고만 있어도 차분해지곤 한다. 특히 가을이 되면 이불을 크림색으로, 베개 커버를 베이지와 브라운 톤으로 바꿔준다. 그러면 따뜻한 분위기가 난다.

무채색도 좋다. 세탁하고 탁탁 털어내면 더욱 더 깨끗해 보이는. 무심한 듯하지만 언제나 세련된. 그런 색들만이 줄 수 있는 개운함이 좋다.

리넨과 함께하는 집

1-2 침구는 늘 리넨으로 준비한다. 겨울 한철만 솜이불을 덧대면
추위에도 끄떡없다. 창가에 커튼 역시 리넨 소재. 창을 통에
들어오는 햇빛을 부드럽게 실내에 스며들도록 도와준다.

3 패브릭 소파는 리넨 소재와 가장 잘 어울리는 가구가 아닐까?
소파 위 쿠션에도 편안한 색감의 리넨 커버를 씌워준다.

4 작고 동그란 방석 커버도 리넨으로 준비한다. 바닥에 깔아두
어도, 딱딱한 의자나 스툴에 올려 앉아도 좋다.

5-6 리넨이 빛을 발하는 또 하나의 공간은 부엌이다. 테이블보는
가장 무난한 색감으로 준비한다.

1 2
3 4
5 6

리넨이 있는 테이블

1 손님이 온다는 연락을 받으면, 테이블매트를 먼저 고른다. 어
   두운 컬러의 그릇을 올려도 잘 어울리는 베이지색 리넨 테이
   블매트가 가장 좋다.

2 리넨으로 된 키친클로스는 아무리 많이 쟁여두어도 또 욕심
   내게 된다. 물을 잘 흡수해 그릇 닦을 때도 활용도 만점.

3 가장 애정하는 리넨 아이템은 바로 앞치마. 잡화점에서 일할
   때도, 부엌에서 살림할 때도 늘 내 허리에 둘러져 있다. 색깔
   별로 걸어두기만 해도 힘이 솟는다.

1
2
3

2

살림

여자의 행복이 시작되는 부엌 살림부터
매일 단정하게 가꾸는 우리 집 살림살이

살림의
기술

잡화점을 운영한다고 하면, 살림도 척척 해낼 거라 생각할지도 모른다. 하지만 모든 워킹맘들이 공감할 것이다. 일하면서 살림을 챙기기란 정말 쉽지 않음을. 그래도 아이들이 크는 동안 집안일을 다른 누군가의 손에 맡기지 않았다.

보글보글 찌개가 끓고 옹기종기 모여 앉아 집밥을
먹는 시간. 살림하며 소소한 즐거움을 느낄 수 있
는 몇 안 되는 순간이 아닐까. 잘 익은 김치를 꺼내
고 나물을 무치고 작은 종지에 장을 담아내는 사이
노릇노릇 생선이 구워진다. 좋아하는 그릇에 먹기
좋게 밥과 반찬을 담아내면 네 식구 한 끼 식사가
시작된다.

식사를 준비할 때 늘 아이들과 함께했다. 큰아이가 된장찌개에 들어갈 호박을 썰면, 작은아이는 수저를 챙겼다. 함께 보낸 시간의 힘은 생각보다 크다. 가족이 함께 이야기 나누며 식사하는 이 순간은 언제나 평화롭다.

———

부엌
살림

내게 살림에 대해 묻는다면 부엌 살림이 가장 큰 비중을 차지한다고 말할 것이다. 나이가 들수록 '밥상머리'라는 말을 곱씹게 된다.

밥 먹으며 나눈 대화는 부모님과의 추억 대부분을 차지한다. 무엇을 먹고 자랐는지는 지금의 나를 만든 너무나 중요한 부분이다.

나의 엄마가 내게 그러하셨듯, 나도 내 아이들에게
따뜻한 밥 한 그릇 먹이려고 정성을 들였다.
그러면서 하루 있었던 일로 대화를 나누었다. 친구
와의 일상을 이야기하기도 했고, 힘든 이야기를 터
놓을 때면 위로해주며 가족 간의 정情이 깊어졌다.

함께 밥을 먹는다는 건, 단순히 먹는 것만을 의미
하지 않는다. 먹을 것을 준비하고, 담을 그릇을 선
택하고, 옹기종기 둘러앉아 음식을 맛보고, 자연
스레 이야기 나누기 시작한다. 그 과정을 함께하는
사람이 가족이고, 그 과정이 이루어지는 공간에서
나의 살림은 시작된다.

큰형님 김장김치는 주위에서 알아준다. 입소문이
자자하다. 잘 익은 김치에 목살을 넣고 두세 시간
끓인다. 간장과 매실청만 조금 넣고 다른 양념은
필요 없다. 폭 익은 묵은지 김치찜. 세상 둘도 없는
맛이다.

두툼한 도자기 그릇을 꺼낸다. 완성된 모습 그대로
담아낸다. 아래에는 큼직한 나무도마를 깔아준다.
오늘 식탁의 주인공이다. 반찬그릇은 동그란 백자
로 준비한다. 깨끗한 화이트컬러가 음식을 더 돋보
이게 한다.

핸드메이드 수저는 나무로 만든 것을 사용한다. 입
안에 닿는 느낌이 편안하다. 식사를 마칠 때쯤 옥
수수차를 끓여 입가심한다.

—

그릇
추억

부모님으로부터 독립해 언니들과 함께 자취를 시
작했다. 우리만의 살림을 사 모으던, 결혼하면서
신혼 살림을 장만하던 기억이 아직도 생생하다. 남
대문시장에 그릇을 사러 갔던 추억이 가장 먼저 떠
오른다.

도자기로 유명한 이천에서 올라온 백자그릇을 한
아름 사 들고 왔다. 깜장색 뚝배기도 하나 산 것 같
다. 결혼하면서는 한국도자기와 코렐, 당시에는 흔
치 않았던 일본 스타일 그릇을 장만했다. 부엌에
내 취향대로 고른 그릇이 자리를 잡으니 마음이 든
든해졌다.

—

음악이 있는
공간

출근하면 제일 먼저 음악을 잔잔하게 틀어놓는다.
일을 마치고 집에 들어가면 습관처럼 음악부터 튼
다. 아침에 눈을 뜨면서도 마찬가지다. 집에 있을
때나 일할 때나 늘 음악을 듣는다. 음악은 마음을
편안하고 충만하게 해준다.

재즈와 클래식을 즐겨 듣는다. 특별히 좋아하는 음악은 페어올로우 킨드그랜Per-olov Kindgren이 연주한 캐논. 기타 선율로 캐논을 듣고 있으면, 축복받는 느낌이다.

음악이 흐르는 공간이 좋다. 내가 좋아하는 우리 집을, 내가 일하는 이곳을 아름답게 채워주는 음악이 고맙다.

내가 아끼는 그릇

1 스튜디오 엠

아이를 낳고 직장을 그만두고 좋아하는 일을 시작하면서 동경으로 출장 가는 일이 잦아졌다. 당시 스튜디오엠 도자기 그릇이 막 알려지기 시작했다. 이렇게 예쁜 그릇을 우리 잡화점에 들여놓고 싶다는 생각이 들었다.

2 크래프트 이시카

한번 관심이 가자, 더 마음에 드는 그릇을 발견하고 싶은 욕심이 났다. 어느 가을날 나고야 근교의 시골로 출장을 갔을 때 크래프트 이시카를 만났다. 일본 특유의 정갈함과 소박한 감성을 담은 브랜드로 첫눈에 반해버렸다. 그렇게 일본 그릇을 하나둘 사오기 시작했다.

3 화소반

판교 모니카팜 이웃이었던 화소반은 많은 사람들이 좋아한다. 처음 화소반 그릇을 보았을 때, 우리나라에서도 이런 그릇을 만날 수 있다는 사실에 반가웠다. 화소반 그릇을 만드는 작가님은 내게도, 화소반 그릇을 찾는 많은 사람들에게도 활력을 준다. 그레이, 버건디, 그린, 그리고 화이트. 컬러도 거친 듯한 질감도 매력적이다. 한식을 좋아하는 내게 딱 맞는 그릇이다.

1
2
3

4 문도방

단아한 문도방 그릇을 모으고 있다. 백자 그릇이 특히 마음에 든다. 문도방 부부가 갖고 있는 깨끗한 심성이 그릇에 그대로 드러난다. 한결같은 문 작가님만의 고집이 담긴 듯하다. 음식을 담아도 그 산뜻한 느낌이 살아 있다.

5 코스터노바

오래전, 신세계 강남점 편집숍을 지나다가 코스터노바 그릇을 발견한 순간 그 자리에 멈춰섰다. 테두리 부분의 빈티지한 모습에 반했다. 세월의 흔적을 그대로 간직해 살짝 벗겨진 그대로도 멋진 화이트 가구를 쉐비스타일 가구라 부른다. 오래 간직했기에 더 귀한 멋을 지닌 쉐비가구. 코스터노바는 쉐비스타일을 그릇에 구현해낸 포르투갈의 브랜드다. 지금은 쿠진(cusine, 그릇과 살림살이를 취급하는 쇼핑몰)에서 착한 가격에 구입할 수 있다.

6 at_bara

제주에서 도자기를 굽고 있는 바라. 제주 자연이 주는 넉넉함을 그대로 작품에 옮겨놓은 듯하다. 나뭇가지 하나만 꽂아두어도 멋진 도자기 화병이 특히 아름답다.

집 안에 식물이 있다면

1 작약은 꽃잎이 풍성하다. 또 향기가 공간을 가득 메운다. 높이
  가 다른 화병에 한 송이씩 꽂아두면 풍성하게 피어나는 모습
  을 볼 수 있다.

2 제법 큼직한 병에는 뿌리까지 보이는 식물을 담아둔다. 이대
  로 옮겨 흙에 심으면 화초가 된다. 가늘고 시원하게 뻗은 잎이
  여름과 참 잘 어울린다.

3 갈색 유리병에는 가을과 어울리는 나뭇가지와 솔방울 소재
  를 활용해본다. 나뭇가지의 방향을 언밸런스하게 조절하면
  공간과 자연스레 어우러진다.

4 유리 화병은 빈 병 그대로 두어도 매력적인 인테리어 소품. 그
  앞에 잘 마른 나뭇가지를 묶어 살짝 올려두면 공간이 더 이상
  허전하지 않다.

3

바구니

채우고 비우고 담긴 것을 나누고
보는 것만으로 마음이 풍성해지는 바구니

무엇을
담을까

바구니는 넉넉하다. 바구니 가득 담겨 있던 감자.
어린 시절 본 모습이 아직도 생각난다. 그때부터
바구니를 좋아했나보다. 바구니에 싱싱한 토마토
를 한가득 담아 먹던 기억도 난다. 별거 아니어도
바구니에 담으면 가득 찬 느낌이다.

내가 좋아하는 바구니.
자연에서 난 수초水草로 엮어 만든다. 만들어진 나
라마다 질감이 다르다. 최근 아프리카에서 만든 바
구니에 눈이 간다. 한결 자연스럽다.

채우고 비우고 담긴 것을 나누고.
마음에 드는 바구니를 하나둘 사 오기 시작하며 느
꼈던 기쁨은 이루 말할 수 없다. 착한 가격으로도
풍성한 행복을 안겨준다.

———

바구니
사랑

우리 집에는 아주 큰 바구니가 있다. 결혼할 때 산 라탄 바구니를 아직까지 사용한다. 집을 몇 번 옮겼는데, 여전히 우리 집 빨래 바구니를 담당하고 있다. 이렇게 오래 사용하는 바구니부터 시작해 나의 바구니 사랑은 각별하다.

트레이 바구니에는 아이들 간식을 담는다. 다른 종류의 과일을 한꺼번에 담아도 바구니는 저마다의 색감을 다 받아낸다. 바구니에 빵을 담아도 좋다. 색이 비슷한 바구니와 빵은 마치 하나인 듯 잘 어울린다.

바구니를 들고 다니는 사람들이 많아졌다. 더운 여름날에는 시원해 보이고, 가을 분위기를 내기에도 좋다. 허전한 벽에 빈 바구니를 걸어두어도, 드라이플라워 하나만 담아놓아도 바구니는 멋스럽다.

선물할 때 바구니에 담아 건네면 어떨까. 받는 사람이 좋아할 만한 물건을 고르고 포장하는 정성과 마음까지 함께 담아서.

담아낸다는 것.
무엇이든 받아들일 줄 아는 물건인 것 같아
나는 바구니가 좋다.

바구니로 담아내는 것

바구니의 가장 기본적인 용도는 물건을 담아두는 것. 우드 계열의
바구니에는 주로 포근한 페브릭을 담는다.

바구니와 식물. 내가 사랑하는 두 가지가 만나면 훌륭한 인테리어
소품이 된다. 화분을 옮겨 심어 담아두어도 좋고 식물을 넣어 벽
에 걸어두거나 벽에 기대어두기도 한다.

102

테이블 위에 크기가 다른 바구니 두 개를 나란히 올려둔다.
별다른 물건을 담지 않아도 좋다.

아무것도 담지 않고
선반 위에 살포시 바구니를 올려두기도 한다.

4

작은 가구

오랜 시간 두어도 변함없이
빈티지한 가구의 멋

―――

나만의
가구

그릇장 대신 널찍하게 설치한 선반, 이태원 빈티지 거리에서 찾은 스툴과 오래된 문짝, 빈 벽에 붙여 두면 자신의 몫을 톡톡히 해내는 훅(hook), 색감에 반해서 버리지 않고 모아둔 작은 찬장…

나만의 작은 가구들이다. 나의 집은, 그리고 나의
행복한 잡화점은 오래도록 제자리를 지키고 있는
물건들 때문에 오늘도 여전히 반짝인다.

선반

흰 페인트로 칠한 공간 한켠에 고古가구나 예스런
선반을 달고 나면 그 공간이 마음에 든다. 선반이
주는 특유의 편안함이 있다.

채워두면 든든하고, 비워두면 또 그대로 넉넉하다.

—

스툴
stool

나무로 된 낡은 스툴. 페인트가 살짝 벗겨진 스툴. 이렇게 빈티지한 스툴 역시 내가 좋아하는 작은 가구다. 스툴은 작은 공간에 두어도 부담 없다는 게 가장 큰 장점. 화분이나 작은 가방, 바구니 하나를 올려두어도 좋고, 아무것도 올리지 않은 그대로도 괜찮다.

124

손님이 오면 간이 의자로 스툴 본연의 역할을 다하고, 높은 선반에 있는 물건을 내릴 때도 스툴은 요긴하게 쓰인다.

혹

hook

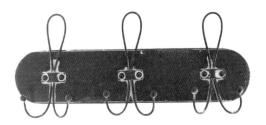

흰 페인트를 칠한 나무에 못을 여러 개 박는다. 그
대로 빈티지 훅이 완성된다. 종류가 수도 없이 다
양한 훅을 나는 많이도 수집했다. 모양에 따라 걸
수 있는 물건이 달라지고, 걸어둔 물건에 따라 색
다른 분위기를 연출해주는 훅이 좋다.

외출하고 돌아오면 비어 있는 훅에 모자나 옷, 에코백을 나란히 건다. 유칼립투스 잎은 한쪽에 언제나 달아둔다. 말라가는 모습 그대로 자연스럽다.

혹에 드라이플라워와 리넨을 나란히 걸어두면
빈 벽이 더 이상 허전하지 않다.

벌어진 문틈에 고리만 하나 걸어둬도
공간 활용이 가능하다.

빈티지 도어
vintage door

문門은 공간의 첫인상이다.

늘 문을 중요하게 여긴다. 유럽에서 오랜 세월을
견뎌온 빈티지한 문짝이 이태원 수입 회사를 통해
우리나라에 들어온다. 모습 그대로 문으로 사용하
기도 하고, 공간 한쪽에 기대어두면 그대로 훌륭한
인테리어 소품이 된다.

빈티지 도어도 화이트 컬러를 선호한다. 문 위로 조명 하나 달고, 낡은 손잡이에 리넨 원피스를 걸 어두고, 짧은 못 박아 리스를 걸면 공간에 더 자연 스럽게 스며든다.

낡고 페인트가 벗겨진 모습의 빈티지 도어가 아니
어도 다양한 형태의 문을 인테리어에 활용할 수 있
다. 미닫이문을 떼어내고 유리를 깨끗하게 닦아내
벽에 기대어두니 공간이 한층 따뜻해진다.

포장하기

포장할 때도 나만의 취향을 그대로 반영한다. 포장지 컬러는 화이트와 베이지. 겉면에 식물로 포인트를 주는 것도 잊지 않는다. 포장지는 물건의 두 배 이상으로 넉넉히 준비한다.

패브릭은 포장하기 편해 자주 선물한다.

1   패브릭을 흰색 포장지로 둘둘 말아 감싼다.

2   빈티지 노끈으로 중간중간 리본을 묶어준다.

3   뒤집어서 드라이플라워나 초록 식물을 고정시켜 마무리한다.

딱딱한 물건을 포장할 땐 털실로 감싸주면 한결 부드럽다. 드라이플라워는 털실과 잘 어울려 빼놓지 않고 장식한다.

1
2
3

5

식물

좋아하는 식물을 곁에 두는 삶
초록 식물이 일상에 불어넣는 힘

식물의
힘

호주 시골마을에 가면 커다란 나무가 많다. 상쾌한 향기를 뿜는 유칼립투스와 후추나무가 거리에 즐비하다. 곳곳에 공원이 들어서 있고 가로수도 울창하다. 커다란 나무를 보며 사는 것은 내게 축복. 그곳에서의 시간, 공기가 여전히 생각난다.

저 멀리 호주에서뿐 아니라 요즘 예쁘다고 소문난 공간에 가면 곳곳에 식물이 있다. 플랜테리어(식물이 가진 내추럴함을 활용한 인테리어를 지칭)라는 거창한 이름이 아니어도 좋다. 초록 식물은 그 자체로 생기와 활력이 가득하다. 갖가지 물건으로 가득한 공간에, 또 그 안에 머무는 사람들에게 생동감을 준다.

—

자연自然과
함께

156

가지치기를 하고 난 뒤 쌓여 있는 나무를 보면 그냥 지나치지 못한다. 산책길에 발견한 나뭇가지를 보면 자연스레 내가 머무는 공간이 떠오른다. 이런 나뭇가지로 공간을 꾸미는 사람은 별로 없었다. 하지만 모양도 길이도 다른 나뭇가지들을 공간에 들였을 때 나타나는 변화는 생각보다 크다.

벽 한 쪽에 걸어두면 액자를 대신할 수도 있고, 리
스 소재로도 활용한다. 자연의 멋을 그대로 살린
가랜드를 만들어 걸어두기도 한다. 무심했던 벽이
나 문 위에 걸어두면 분위기가 한결 다정해진다.

서래마을 쇼룸을 리뉴얼하면서 공간을 내추럴하게
채워줄 무언가가 필요했다. 어김없이 산책에 나선
다. 길에서 눈에 들어오는 것들을 살펴본다. 돌아
오는 길, 내 손에 들린 것은 화려하고 근사하기보
다는 작고 소박한 것들이다.

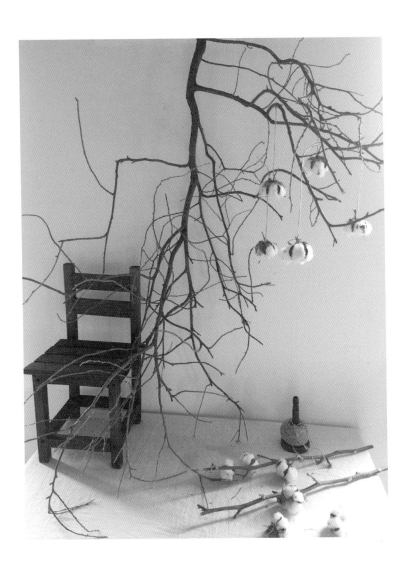

내가 꾸려갈 행복한 잡화점은 앞으로도 돈으로는
살 수 없는 값진 것들로 채워가고 싶다.

———

내가 좋아하는
나무

올리브나무

지중해에서 잘 자라는 올리브나무는 잎이 가늘다. 우리나라에서는
잘 자라지 않아 수입해야 한다. 올리브라는 단어 자체가 예뻐서 좋
다. 토분에 분갈이해서 햇빛 잘 드는 곳에 두면 키가 쑥쑥 자라는
모습이 대견스럽다. 녹색 위에 회색 톤을 입힌 듯한 나뭇잎 색감.
그 빈티지한 매력은 어느 나뭇잎에서도 발견할 수 없다. 잡화점이
나 카페 한켠에 올리브나무 한 그루 심어두는 곳이 하나둘 늘어나
고 있다.

버드나무

내가 가장 좋아하는 버드나무는 습한 곳에서 잘 자란다. 버드나무
에 새싹이 나면 곧 봄이 시작된다. 오래된 나무일수록 풍성한 잎이
축 늘어진 모습이 더욱 더 겸손해 보이는 버드나무. 마당 있는 행복
한 잡화점이 문을 열면, 꼭 한 그루 심어두고 싶다.

측백나무

어릴 적 우리 집 뒤뜰 울타리는 측백나무로 되어 있었다. 겨울밤 눈
이 내리면 측백나무 위에 하얗게 쌓인 눈을 떠다가 아이스크림처럼
먹은 기억을 잊지 못한다. 혹독한 겨울 추위를 견뎌낸 측백나무는
더욱 산뜻한 초록 잎으로 봄을 반긴다. 그렇게 사계절 푸릇푸릇한
측백나무. 내게 늘 고향과 아버지를 떠올리게 하는 고마운 나무다.

자작나무

나무껍질에 흰색이 묻어나는 신비로운 나무. 그 모습이 좋아 자작
나무에는 언제나 눈길이 간다. 강원도 인제의 자작나무숲, 일본 삿
포로, 시베리아처럼 추운 지역에서 유독 잘 자라는 자작나무는 하
얀 눈과 어우러진 풍경이 특히 아름답다. 자작나무 숲을 지날 때면
눈길을 걸을 때 나는 소리가 들리는 것만 같다.

작 약

엄마가 좋아하던 꽃 작약. 시골집 옆 작은 텃밭에는, 작약 좋아하는 엄마를 위해 아버지가 만들어주신 자그마한 작약 동산이 있었다. 5월이 되면 엄마 생각에 작약을 산다. 작약 향은 늘 그리운 부모님의 향기다. 봄이 무르익으면 작약을 한 아름 사 와 침실 옆에 꽂아두고 부모님을 추억한다.

감 나 무

감나무도 어린 시절을 추억하게 해준다. 마당 한가운데 자리 잡고 있던 감나무의 거북이등처럼 딱딱한 질감을 좋아했다. 봄이 되면 맨들맨들 초록 잎이 풍성해지고 감꽃이 핀다. 꽃이 지면 작은 열매가 달리고, 잎도 붉게 물들었다. 계절이 가는 걸 감나무를 보며 느꼈다. 소박한 흰 꽃, 주홍색 감, 붉은 홍시의 달달함, 초록에서 붉게 변해가는 잎까지 모든 것을 보여주는 감나무가 좋다.

수국

수국의 꽃말은 진심. 수국을 좋아하는 내 마음도 진심이라고 표현하고 싶다. 화이트, 블루, 핑크. 퍼플. 제주는 6월이면 수국 축제가 열린다. 거리에도 작은 마당 곳곳에도 수국이 가득 피어난다. 버드나무가 연둣빛 잎으로 봄을 알리면 마당 한편에서 수국이 뭉실뭉실 피어오를 행복한 잡화점. 하늘빛 수국은 행복한 잡화점에 청량함을 더해줄 것이다. 상상만 해도 행복하다.

스모그트리

안개와 솜사탕처럼 보인다고 스모그트리라는 이름이 붙었다. 주로 자주와 청록색을 띠는데, 그 찬란한 빛깔과 너무나도 잘 어울리게, '희망찬 내일' 이라는 꽃말을 가졌다. 스모그트리는 보면 볼수록 빠져드는 청순함이 있다. 가지째 화병에 꽂아둔 모습이 가장 예쁘다.

———

계절의 변화를
엮다

리스는 계절의 변화를 그대로 전해준다.

한겨울에도 초록의 푸르름을 간직하도록 도와주는 리스. 겨울 한 철만이 아니라 사계절 내내 곁에 두고 보아도 좋은 리스는 계절의 변화를 고스란히 반영한다.

잎이 둥근 초록 유칼립투스를 곁들인 리스는 봄의 상쾌함을 담아 낸다. 곱게 말린 수국으로 엮은 리스는 여름의 상징. 여기에 여름철 대표 허브인 라벤더를 더해주면 향기롭기까지 하다.

솔방울은 가을의 상징. 초록 리스에 크고 작은 솔방울을 매달아 달 며 가을을 맞이한다. 마른 나뭇가지에 모카솜을 달아주면 겨울 리 스도 손 쉽게 만들 수 있다.

다양하게 연출되는 리스와 가랜드
소재에 변화를 주고 틀 모양을 달리하면 누구나 쉽
게 나만의 리스와 가랜드를 완성할 수 있다.

리스 만들기

유칼립투스는 그냥 지나치지 못하는 리스 소재다. 향이 은은하게
퍼져 기분 전환에 좋다. 리스로 만들기 쉽고, 끝부분을 묶어 툭 걸
어두기도 하고, 커다란 바구니 한가득 넣어 말리는 내내 상쾌한
향을 즐기기도 한다.

1   빈티지한 리스 틀을 준비한다.

2   유칼립투스 가지를 리스 틀에 맞추어 짧고 길게 잘라낸다.

3-6 잘라낸 끝부분을 끈이나 와이어, 글루건을 이용해 리스 틀에
    같은 방향으로 붙여 완성한다

1   4

2   5

3   6

가랜드 만들기

리스 틀을 반으로 잘라 가랜드를 만들 수도 있다. 만드는 방법은
리스 만들기와 같다. 끝부분을 묶어 고정시키거나 끈으로 매달아
길이를 조절할 수 있다. 가로와 세로로 모두 걸 수 있어 활용도가
높다.

1 3
2 4
　 5
　 6

행복한 잡화점

2018년 8월 10일 초판 1쇄 발행

지은이 | 남은정
펴낸이 | 이동은

편집 | 박현주

펴낸곳 | 버튼북스
출판등록 | 2015년 5월 28일(제2015-000040호)

주소 | 서울시 서초구 방배중앙로25길 37
전화 | 02-6052-2144
팩스 | 02-6082-2144

ⓒ 남은정, 2018
ISBN 979-11-87320-21-0 13590